Quazi Mohammed Imranul Haq
Shahid Umar

# Efeito das emissões veiculares em Alstonia scholaris R.Br.

Quazi Mohammed Imranul Haq
Shahid Umar

# Efeito das emissões veiculares em Alstonia scholaris R.Br.

ScienciaScripts

**Imprint**
Any brand names and product names mentioned in this book are subject to trademark, brand or patent protection and are trademarks or registered trademarks of their respective holders. The use of brand names, product names, common names, trade names, product descriptions etc. even without a particular marking in this work is in no way to be construed to mean that such names may be regarded as unrestricted in respect of trademark and brand protection legislation and could thus be used by anyone.

Cover image: www.ingimage.com

This book is a translation from the original published under ISBN 978-3-659-90145-4.

Publisher:
Sciencia Scripts
is a trademark of
Dodo Books Indian Ocean Ltd. and OmniScriptum S.R.L publishing group

120 High Road, East Finchley, London, N2 9ED, United Kingdom
Str. Armeneasca 28/1, office 1, Chisinau MD-2012, Republic of Moldova, Europe
Managing Directors: Ieva Konstantinova, Victoria Ursu
info@omniscriptum.com

Printed at: see last page
**ISBN: 978-620-8-62983-0**

# ÍNDICE

AGRADECIMENTOS

Gostaria de agradecer a valiosa orientação fornecida pelo Dr. Shahid Umar na realização deste projeto.

Gostaria de expressar minha profunda gratidão ao Dr. Javed Ahmed, chefe do Departamento de Botânica, por sua orientação e por me fornecer as instalações necessárias.

Meus respeitosos e sinceros agradecimentos a todos os meus professores, Prof. Mohammad Iqab, Dr. Mahmooduzzafar, Dr. M.P. Sharma, Dr. T. O. Siddiqui, Dr. Abdul Mujib e Dr. Altaf Ahmed.

Meus sinceros agradecimentos ao Sr. Zakir, ao Sr. Imran e a todos os assistentes de laboratório por sua assistência oportuna. Também gostaria de agradecer ao nosso bibliotecário e ao bibliotecário assistente, Sr. Sahmim, por me oferecerem a facilidade da biblioteca. Também gostaria de agradecer à Ph.D. Schollar, Srta. Anjana, Srta. Nidhi e Srta. Sanghmitra, por sua ajuda e orientação oportunas.

Por fim, sou muito grato a meus pais, minha irmã Zafrana, Bhayia e Bhabi por seu amor, carinho, incentivo e apoio contínuos.

**Q.M. Imranul Haq**

# CAPÍTULO 1. INTRODUÇÃO

O meio ambiente é a soma total do ambiente humano, que consiste em atmosfera, hidrosfera e biota. A Terra é o único objeto no universo capaz de sustentar a vida. O termo poluição se refere a qualquer alteração indesejável nas características físicas, químicas e biológicas do ar, da água e do solo que possa afetar negativamente nossa vida (Sharma 2000). A poluição do ar pode ser definida como a adição de qualquer material que tenha efeitos deletérios sobre a vida na Terra. Os principais poluentes gerados pelos motores de combustão interna são CO, NOX, hidrocarbonetos não queimados. (UBHC) e outras emissões de partículas. Outras fontes, como usinas de energia elétrica, consumidores de combustíveis industriais e domésticos, também adicionam poluentes como NOx, $SO_2$ e emissão de partículas. Além disso, todos os sistemas de queima de combustível emitem $CO_2$ em grandes quantidades, o que está mais relacionado ao efeito estufa, que determinará a saúde da Terra. Apesar dos esforços de controle da poluição, a qualidade do ar tem sido ameaçada a níveis alarmantes em várias cidades do mundo (CPCB, 2002). A concentração de muitos gases traços atmosféricos tem aumentado desde o início da revolução industrial. O $CO_2$ ambiente aumentou de aproximadamente 280ppm na virada do século para a concentração atual de cerca de 360ppm (Earth Quest, 1990). Certos gases traços, quando presentes em altas concentrações e frequência, têm efeitos adversos sobre as plantas e o ecossistema (Guderian, 1985), Legge et. At., 1986, Krupa et. At., 1994)

As mudanças climáticas globais podem ser vistas como alterações na temperatura e na umidade (Parry, 1990). Em termos globais, estima-se que a mortalidade causada pela poluição do ar externo seja de cerca de 2,0 a 5,7 lakhs, representando cerca de 0,4 a 1,1% do total de detalhes anuais. Os efeitos adversos da poluição do ar são mais pronunciados nos países em desenvolvimento. Vários episódios de poluição do ar durante o século passado mostraram que respirar ar sujo pode ser perigoso e, às vezes, mortal.

Os poluentes prejudiciais mais comuns incluem $SO_2$, SPM, $O_3$, NOx, CO, Pb etc., que são direta ou indiretamente liberados pela combustão de combustíveis fósseis. Em nosso país, no que se refere ao $SO_2$, Calcutá é a quarta cidade mais poluída, seguida, em ordem decrescente, por Bombaim, Délhi, Ahemdabad, Kanpur, Hyderabad, Madras, Nagpur e Jaipur (NEERI, 1981).

Nosso ambiente nunca esteve livre de estresses naturais como secas, geadas, inundações etc. A explosão populacional, juntamente com a urbanização e a industrialização, encheu o meio ambiente de inúmeros estresses antropogênicos. A poluição do ar surgiu como uma das principais ameaças ambientais dos tempos modernos. Ela tem efeitos consideráveis em muitos aspectos do nosso meio ambiente, como recursos estéticos, vegetação, animais, solos, qualidade da água, estrutura artificial e natural e saúde humana. O rápido crescimento das cidades, o aumento do tráfego de veículos, o uso de combustíveis tóxicos, a dependência de processos industriais obsoletos, o aumento do consumo de energia e a falta de zoneamento industrial e de regulamentações ambientais estão contribuindo para o declínio da qualidade do ar urbano e para a deterioração da saúde pública (UNEPA, 1991). Nas principais cidades metropolitanas, o escapamento veicular é responsável por 10,5% do total de hidrocarbonetos, 30 a 40% do total de óxidos e 30% do total de material particulado (Agarwal, 1989).

A diminuição dos teores de clorofila e proteína e o aumento das atividades da glicose-6-fosfato desidrogenase, ICDH (isocitrato desidrogenase, ALT (alanina aminotransfervase) e GlDA (glutamato desidrogenases) têm sido usados como indicações de baixos níveis de poluição que não produzem danos visíveis às plantas. A reação das plantas aos poluentes pode ser vista a partir de mudanças nas comunidades vegetais e de lesões visíveis nas folhas, flores e frutos, bem como de mudanças bioquímicas e fisiológicas invisíveis.

Emissões de poluentes de veículos motorizados Com poucas exceções, os veículos motorizados são equipados com motores de combustão interna. Nesses motores, uma mistura comprimida de ar e combustível é inflamada para fornecer a energia mecânica necessária para acionar o virabrequim. Há dois tipos bem difundidos de motores de combustão interna.

1. Motores Aoto

2. Motores a diesel.

Nos motores automotivos, a ignição é iniciada por uma faísca elétrica, enquanto nos motores a diesel as misturas se autoinflamam como consequência da alta compressão e do aquecimento associado.

**As emissões de veículos motorizados consistem em :**

**Emissões do cárter:** Devido ao sopro ao redor dos anéis do pistão, os gases escapam do cilindro para o cárter. A maior parte da emissão resultante corresponde à carga de combustível do ar não queimado, e apenas uma pequena parte consiste em produtos e vapores de escapamento.

**Emissões evaporativas:** A evaporação do combustível pode ocorrer tanto no tanque quanto no carburador. As perdas por evaporação aumentam acentuadamente com o aumento da temperatura do ar.

Emissões **de escapamento:** Em geral, elas representam a parte predominante das emissões dos veículos aquáticos.

Os principais contaminantes contidos no escapamento automotivo são CO, hidrocarbonetos, Nox e partículas. A quantidade de contaminantes no escapamento depende predominantemente da proporção ar-combustível. O solo pode ter sido exposto a poluentes atmosféricos que foram dissolvidos na água do solo. Os poluentes ácidos do ar em partículas foram facilmente dissolvidos na umidade da superfície ou na chuva. Mesmo quando a fonte de poluição do ar é removida, o material dissolvido pode continuar a afetar o crescimento das plantas, embora com o tempo eles se diluam e sejam lixiviados pela chuva.

A entrada mais direta de poluentes gasosos nas plantas ocorre por meio dos estômatos. Os poluentes gasosos do ar, após entrarem no tecido da planta, são capazes de se dissolver na água intercelular. O ácido resultante (se for um poluente ácido) ataca a estrutura celular da folha. É por isso que os poluentes atmosféricos solúveis iniciais, como $SO_2$, cloridrato e ácidos fluorídricos etc., são mais tóxicos.

As partículas sólidas têm sido menos tóxicas para as plantas, pois são depositadas na superfície superior dura e cerosa das folhas. Em seguida, elas devem se dissolver na umidade depositada na superfície e entrar no interior por meio de estômatos ou porções danificadas; alguns poluentes sólidos conseguem se "dissolver" na cera da superfície para entrar na planta. Portanto, os poluentes sólidos tendem a localizar seus efeitos e não prejudicam toda a estrutura da folha da mesma forma que os poluentes gasosos. É claro que os poluentes sólidos podem entrar na cadeia alimentar se seus portadores tiverem sido consumidos por animais.

Tradicionalmente, com base em suas respostas à exposição a poluentes gasosos do ar ambiente, os efeitos nas culturas são classificados como AGUDOS e CRÔNICOS. As respostas agudas envolvem mudanças rápidas nos processos fisiológicos e bioquímicos das plantas sob condições apropriadas; essas mudanças frequentemente levam à produção de sintomas de lesão foliar (Krupa e Manning 1988). Sabe-se que as respostas agudas são induzidas por concentrações horárias relativamente altas de poluentes, de algumas a várias horas em um determinado dia ou em dias recorrentes, e o sintoma de lesão se manifesta dentro de alguns a vários dias após essas exposições.

Por outro lado, os efeitos crônicos das respostas agudas se devem à exposição a poluentes gasosos por semanas, meses, estações de crescimento inteiras e ciclos de vida completos. As exposições crônicas envolvem concentrações horárias relativamente baixas de poluentes com concentrações periódicas, intermitentes ou relativamente altas. Embora as respostas agudas possam ou não levar a reduções no rendimento da safra, as respostas crônicas podem levar à clorose foliar, crescimento retardado, abscisão foliar, floração retardada, abscisão de flores, redução da biomassa e do rendimento econômico e alteração da qualidade nutricional do produto vegetal consumível (Kickert e Krupa, 1990).

A taxa de emissão de um veículo depende principalmente de

1. Tipo e idade do veículo

2. Modo de direção

**MEDIDAS DE CONTROLE:**

**1. A emissão de poluentes do escapamento dos veículos pode ser verificada por :**

(i) Usando uma nova proporção de gasolina e ar.

(ii) Tempo mais exato de alimentação de combustível

(iii) Uso de aditivo de gás para melhorar a combustão.

(iv) Injetando ar no escapamento para converter os compostos do escapamento em materiais menos tóxicos.

(v)Uso de combustíveis alternativos, como o GNV

**2. A evaporação do tanque de combustível e do carburador pode ser controlada:**

(i) **Uso de filtros:** uso de filtros que capturam e reciclam os vapores de gás que escapam entre as paredes e o pistão.

(ii) **Controle por meio de leis:** devem ser aplicados alguns padrões por meio da lei de veículos motorizados e outras leis para projetos de motores etc.

**Efeito da poluição do ar sobre as plantas:**

A vegetação em geral desempenha um papel fundamental no controle da poluição, regulando o clima e o equilíbrio atmosférico, protegendo o solo e mantendo o regime hidrológico.

As plantas funcionam como sumidouros eficientes de poluentes atmosféricos, pois sua folhagem é capaz de absorver os poluentes por meio de inúmeras aberturas estomáticas. As respostas das plantas à poluição do ar foram muito bem estudadas (Yunus e Iqbal 1996, Krupa, 1997, Iqbal et. at., 2000). Óxidos de enxofre e nitrogênio, fluoreto de hidrogênio, $H_2S$, ozônio, cloro, amônia PAN etc. são os principais poluentes que afetam a vegetação.

Eles atacam principalmente os estômatos e o tecido mesofílico da folha, geralmente reagem com a água no tecido, difundem-se nas células, destroem várias enzimas e organelas intracelulares e, assim, prejudicam as várias atividades metabólicas que refletem no crescimento geral.

Descobriu-se que a poluição do ar afeta as plantas em graus variados. As plantas absorvem os poluentes do ar diretamente, por meio da troca de gases com a atmosfera ou pela umidade absorvida do solo.

# CAPÍTULO 2. REVISÃO DA LITERATURA

**Efeito de poluentes individuais nas plantas:**

Ozônio: é um dos principais componentes da poluição fotoquímica. O ozônio passa para a folha da planta e ataca as células da paliçada. Como a clorofila é destruída, a taxa de fotossíntese é reduzida e a taxa de respiração é afetada. O dano finalmente aparece como pontos de cor escura ou áreas descoloridas.

As florestas de pinheiros são seriamente afetadas pela poluição oxidante (principalmente ozônio). Há também algumas evidências de que a mistura de $O_3$ e $SO_2$ pode agir sinergicamente.

Mais de 90% dos danos à vegetação causados pela poluição do ar nos EUA foram atribuídos a oxidantes fotoquímicos.

**DIÓXIDO DE ENXOFRE ($SO_2$)**

O dióxido de enxofre é um importante poluente atmosférico que causa danos às plantas nas proximidades de estabelecimentos industriais. Sabe-se que o $SO_2$ altera os processos metabólicos das plantas e diminui a fotossíntese em relação à produção de matéria seca (Sij. et al., 1973; Pandey e Rav, 1978). Koziol e Jordan (1978) demonstraram que a ocorrência de sintomas visíveis de lesão leva à redução do conteúdo de carboidratos em plantas de feijão-fradinho expostas ao $SO_2$, uma vez que essas alterações metabólicas podem estar relacionadas ao orçamento de energia de plantas estressadas pela poluição (Wellburn et. al., 1976)

O $SO_2$ é principalmente um fluxo difusivo através dos estômatos que depende da abertura dos estômatos (Fowler, 1985, Rennenberg e polls, 1994). Assim, evitar o influxo de $SO_2$ para as plantas só pode ser alcançado à custa da redução da fotossíntese e da troca de vapor de água e, portanto, da redução do crescimento.

Verificou-se que o enxofre originado do $SO_2$ e absorvido pelas folhas foi translocado para as raízes e apareceu em várias frações de enxofre das raízes, incluindo o sulfato. Parte do $SO_2$ foi assimilada em compostos orgânicos de enxofre na parte aérea. Também foi transportado para as raízes como glutationa e citeína (Dekok, 1990).

O $SO_2$ se difunde rapidamente nas folhas e se dissolve na umidade disponível na célula do mesofilo, formando sulfito e bissulfato, que são tóxicos (Rawland et. at. 1987). O $SO_2$ é quase 30 vezes mais solúvel, em comparação com o $CO_2$, em meio aquoso, o que sugere que o dióxido de enxofre se dissolve principalmente nas superfícies internas inferiores das células-guarda, onde a maior parte da água é perdida (Heath, 1988). Essas células também podem ser mais suscetíveis à lesão por $SO_2$ porque não têm cloroplasto. As células sem cloroplasto podem, portanto, não ter um importante mecanismo de desintoxicação para a remoção do excesso de enxofre pela produção de $H_2S$ e sua difusão de volta para a atmosfera (Mansfield e Freer Smith, 1984).

**DIÓXIDO DE CARBONO ($CO_2$)**

Em geral, o crescimento das plantas é estimulado pelo aumento dos níveis de $CO_2$, mas algumas espécies parecem não ser afetadas (Eames e Jarvis, 1989).

O aumento do $CO_2$ melhora o crescimento e a produtividade de muitas culturas agrícolas em casa de vegetação (Kimball, 1986).

A fotossíntese líquida é aprimorada pelo aumento inicial do $CO_2$. As espécies que fixam o $CO_2$ usando fosfoenol pirazato (PEP) em ácido $C_4$ dicarboxílico (metabolismo do Cu) apresentam uma resposta muito pequena da fotossíntese ou da eficiência quântica a um aumento do $CO_2$ (Fearey e Bjerkman, 1983).

Quando a taxa de assimilação cai, isso geralmente está associado a um declínio na atividade da Rubisco ou a um acúmulo de carboidratos não estruturais (Wong, 1979, Bestord e Hand, 1989, Vell et. al, 1989, Bowes 1991).

**DIÓXIDO DE NITROGÊNIO ($NO_2$)**

Os NOX são emitidos na atmosfera principalmente como resultado da combustão de combustíveis. O nitrogênio é o elemento mineral mais abundante nas plantas e a maioria dos poluentes nitrogenados são compostos assimiláveis.

O NO2 pode chegar ao sistema da planta diretamente por meio de sua deposição foliar ou indiretamente por meio da água da chuva ou da deposição no solo. Ele entra na folha por meio de estômatos abertos e é governado por vários fatores, como espécies de plantas, genes, concentração de dióxido de nitrogênio (Srivastava et. al, 1975).

O teor de proteína geralmente diminui sob o estresse ambiental, o dióxido de enxofre reduz a quantidade de proteína total, bem como a proteína que contém o grupo sulfidrila e ligações dissulfeto. O teor de açúcar é muito afetado pelos poluentes do ar. A exposição ao ozônio e ao $SO_2$ aumenta o açúcar solúvel e diminui o teor de amido. Os níveis de CO apresentam um padrão diurno distinto, com picos correspondentes aos horários de pico do trânsito pela manhã e à noite.

Os níveis de poluição diminuem muito rapidamente com a distância da fonte de emissão. Foram observadas concentrações de curto prazo, até mesmo altas, em espaços confinados, como túneis, garagens, compartimentos de carga, estacionamentos subterrâneos e vias estreitas e congestionadas (Anônimo, 1979). O Co é normalmente convertido em $CO_2$ na presença de luz, reduzindo assim a taxa de acúmulo de CO. Também é relatado que as folhas de *Coleus blume, Daucus carota, Ficus varigatus, Phaseolus vulgaris* e algumas outras espécies são capazes de fixar o CO.

**PAN**

O PAN é talvez o componente mais tóxico do smog fotoquímico e faz parte do total de oxidantes medidos. Ele tende a atacar plantas ornamentais jovens, vegetais e gramíneas, em vez de arbustos e árvores, e atua em um cone muito mais baixo do que o ozônio 0,01 ppm. (para 6 árvores) sendo o limite de concentração.

O PAN é capaz de atacar a planta jovem na parte inferior da folha, que tende a ter uma superfície envidraçada depois que o tecido abaixo da epiderme inferior foi morto Os danos às gramíneas às vezes são vistos como faixas marrom-escuras.

Os poluentes gasosos, depois de entrarem pela cavidade estomática, dissolvem-se no fluido extracelular e reagem com compostos biológicos para produzir sps iônicos ou radicais livres. Os radicais livres interagem com proteínas e lipídios na parede celular e nas membranas, levando à oxidação e à peroxidação lipídica e ao início de reações em cadeia que dão origem a mais radicais livres, seguidos pelo aumento da permeabilidade celular. Isso pode levar a distúrbios metabólicos graves e danos ao material genético.

Os poluentes gasosos, como $O_3$, $SO_2$, NOX e HF, destroem a organização ultraestrutural das células das folhas, os tilacóides se enrolam e depois se desintegram, a matriz citoplasmática e plastídica se torna granular, as mitocôndrias são lesadas e o número de ribossomos diminui.

Esses poluentes produzem radicais livres, peroxidação de lipídios e quebra de fitas de DNA. Diz-se que o flúor inibe a ação enzimática ao se ligar ao cálcio ou ao magnésio necessários para a atividade enzimática e pela possível formação de análogos metabólicos venenosos com as toneladas de flúor.

As organelas desintegradas liberam a enzima contida nelas ou em suas superfícies. Isso pode ser responsável por um aumento na atividade de algumas enzimas e também pela mudança nos padrões de isoenzimas às vezes observados em extratos obtidos de folhas de árvores que crescem em regiões poluídas por emissões industriais.

**A cena de Delhi:**

A poluição do ar é um dos principais problemas enfrentados por Délhi atualmente. Invariavelmente, acredita-se que os setores de transporte, doméstico e industrial sejam os principais contribuintes para o aumento dos níveis de poluição do ar ambiente.

O enorme aumento no número de veículos contribuiu significativamente para o aumento da combustão de produtos de petróleo. O consumo de petróleo aumentou em quase 400% nas últimas duas décadas (State of the Environment, TERI, p. 32). Entre os setores, as usinas termelétricas são as que mais contribuem para a poluição do ar.

Além disso, há 126.000 unidades industriais (de pequena e média escala) em Délhi (Government of National Capital Territory of Delhi, 1999), das quais 98.000 unidades são classificadas como não conformes pelo Plano Diretor de Délhi (Ministry of Environment and Forests, 1997).

De acordo com o Government of National Capital Territory of Delhi 1999, a população de Delhi aumentou de 6,2 milhões em 1981 para 9,4 milhões em 1991.

Os níveis de SPM (material particulado em suspensão) e RPM foram considerados altos (excedendo os padrões) na maioria dos locais de monitoramento em Délhi. O RPM constitui cerca de 40% do SPM no ar ambiente de Délhi.

Os principais poluentes gasosos de todas essas fontes incluem $SO_2$, NOX, benzeno e CO. A carga total de poluição veicular em toneladas por dia em Délhi chega a 1046. 30 em comparação com 226,25 em Chennai e 293,71 em Calcutá, segundo o estudo conduzido pelo TERI.

Em comparação com 1995, os níveis de poluentes no ar ambiente de Délhi diminuíram em 40% no caso do NO, de 4 a 13% no caso do N., de 6 a 17% no caso do material particulado, de 3% no caso do CO e de 11 a 60% no caso do chumbo em 1998

## Tabela :1. efeitos dos poluentes na vegetação

| Poluentes | Sintomas | Maturidade da folha afetada | Parte da folha afetada |
|---|---|---|---|
| **SO2** | Manchas branqueadas, áreas branqueadas entre as veias, clorose; lesões causadas por insetos, condições de inverno e seca podem apresentar marcas semelhantes. | Idade média mais sensível; idosos menos sensíveis | Células mesofílicas |
| **03** | Mancha, pontilhado, manchas branqueadas, pigmentação; as pontas das agulhas de coníferas tornam-se marrons e necróticas; agulhas atordoadas em gimnospermas | O mais velho mais sensível; o mais novo menos sensível | Paliçada ou parênquima esponjoso em folhas sem paliçada |
| **PAN** | Bronzeamento na superfície inferior da folha, envidraçamento, prateamento em gimnospermas clorose, início da senescência | mais jovem menos sensível | Células esponjosas |
| **Dióxido de nitrogênio** | Lesões colapsadas irregulares, brancas ou marrons no tecido intercoastal e próximo à margem da folha | Folhas de meia-idade mais sensíveis | Células mesofílicas |

| **HF** | As pontas e a margem queimam, o nanismo, a abscisão da folha; uma faixa estreita marrom-avermelhada separa o tecido necrótico do verde; doenças fúngicas, secas por frio e altas temperaturas e vento podem apresentar marcas semelhantes; necrose distal | mais jovem menos sensível | Células epidérmicas e mesofílicas |
|---|---|---|---|
| **Etileno** | Murchamento das sépalas, anormalidades nas folhas, queda de flores e falha na abertura adequada das folhas | As folhas jovens se recuperam, as mais velhas não se recuperam totalmente | Todos |
| **Cloro** | Branqueamento entre as nervuras, pontas e queima da margem, abscisão da folha | Folhas maduras mais sensíveis | Células epidérmicas e mesofílicas |
| **Amônia** | Necrose distal em gimnospermas e intervenção de manchas necróticas em angiospermas, além do escurecimento total de algumas espécies. | Folhas maduras mais sensíveis | Tecido completo |
| **Mercúrio** | Clorose e abscisão; manchas marrons, amarelecimento das veias | As folhas mais velhas são mais sensíveis | Células epidérmicas e mesofílicas |
| **H2S** | Queimadura basal e marginal | Folhas mais jovens mais afetadas | - |

# CAPÍTULO 3. MATERIAL E MÉTODOS

| | | |
|---|---|---|
| **Material vegetal** | : | |
| **Nome Botânico** | : | ***Alstonia scholaris*** **R.Br.** |
| **Família** | : | **Apocynaceae** |
| **Nomes comuns** | : | |
| **Inglês** | : | **Devilstree** |
| **Hindi** | : | **Saitan-ka-Jhad.** |

Um gênero de arbustos ou árvores eretos.

Distribuída da África às Ilhas Polinésias e Pecíficas, encontrada principalmente na região da Indo-Malásia. Cerca de 6 espécies ocorrem na Índia: *A. constricta, A. Macrophylla, A neriifolia, A scholaris e A. venenata.*

Árvore perene de grande porte, com 12 a 18 m de altura, algumas vezes atingindo até 27 m e 2 a 4 m de circunferência. É encontrada em quase toda a Índia até uma altitude de 600 m. A casca é áspera, branco-acinzentada, amarelada por dentro e exala um látex amargo quando ferida. Folhas de 4 a 7 em espiral, verde-escuras na parte superior, pálidas e cobertas por uma floração marrom na parte inferior; flores branco-esverdeadas ou amarelo-esverdeadas em cimas umbeladas compactas, perfumadas, folículos de 30 a 60 cm x 3 mm em cachos, cilíndricos, com canas com pelos marrons. Floresce de dezembro a março e frutifica de maio a julho. As flores produzem óleo essencial. A madeira é branca quando exposta pela primeira vez, mas gradualmente se torna amarelada a marrom-clara, e o cerne não é distinto. A madeira é usada para caixas de embalagem, caixas de chá, compensado, talas de fósforo, lápis de qualidade inferior e indústria de papel. O carvão da madeira é usado para a produção de goma em pó. A casca produz fibras. Às vezes, a árvore é plantada em jardins para ornamentação e, com frequência, é cultivada como árvore de avenida. Ela é facilmente cultivada por meio de sementes.

O medicamento é obtido da casca, dos galhos ou do caule. A casca é considerada um tônico amargo e um febrífugo suave, possui propriedades adstringentes e anti-helmínticas. É usada em doenças cardíacas, asma e diarreia crônica. Relata-se que o suco das folhas com o suco de gengibre fresco é administrado após o confinamento, e o cataplasma das folhas é usado para úlceras.

O conteúdo total de alcalóides na casca indiana é relatado como sendo de 0,16 a 0,27%, sendo a equitamina o principal constituinte e a equitamidina em pequenas quantidades.

**Amostragem e preparação de amostras:**

Dois locais foram selecionados para estudar o efeito da poluição de escapamento na *Alstonia scholaris*.

**Local 1: Campus de Jamia Hamdard (local de referência)**

**Local 2: cruzamento de tráfego de Chirag Delhi (local de poluição)**

As principais considerações ao planejar uma estratégia de amostragem foram:

**1. Parte da planta :**

Como *a Alstonia* é uma árvore grande, apenas as folhas foram amostradas; tomou-se cuidado para garantir isso:

a. Folhas infectadas ou com danos visíveis causados por insetos não foram amostradas

b. Foram coletadas amostras de folhas maduras expostas à luz solar em galhos jovens.

c. Não foram coletadas amostras de folhas danificadas

**2. Hora da amostragem** :

O momento da amostragem é crucial porque os níveis de nutrientes em todos os tecidos ativos da planta flutuam com o tempo. As mudanças sazonais na concentração geralmente se devem ao movimento de nutrientes para um componente durante o crescimento e ao movimento na direção oposta quando a senescência se aproxima, embora os nutrientes individuais difiram em suas mobilidades. Os níveis de nutrientes tendem a aumentar de forma constante durante a estação de crescimento.

As folhas de *Alstonia* ***scholaris*** foram coletadas na primeira semana de outubro de 2004 (1ª amostragem) e na primeira semana de janeiro de 2005 (2ª amostragem) para análise.

**3. Preparação da amostra :**

Transporte e armazenamento: amostras frescas foram levadas ao laboratório o mais rápido possível. Os materiais vegetais frescos foram coletados e embalados livremente em sacos de polietileno e levados ao laboratório.

a. As folhas foram lavadas para remover a poeira da superfície ou as partículas de solo que podem interferir em algumas análises. A lavagem imediata também é necessária para evitar a lixiviação.

b. As amostras foram secas após a lavagem para minimizar as alterações bioquímicas.

A temperatura de secagem deve ser suficientemente alta para destruir as enzimas responsáveis pela decomposição, mas baixa o suficiente para evitar a decomposição térmica

**Cominuição:** É necessário reduzir o tamanho das partículas do material seco para obter uma amostra representativa adequada para tratamento e análise posteriores. Vários dispositivos mecânicos foram usados para cortar, triturar, macerar, homogeneizar ou emulsionar tecidos vegetais frescos.

**4. Digestão e extração:**

Os procedimentos de incineração são usados para preparar amostras de plantas para análise elementar. Tanto a incineração seca, que envolve a combustão da amostra, quanto a incineração úmida, que envolve a digestão com ácidos fortes, têm sido usadas para destruir a matéria orgânica e dissolver os analitos. Vários ácidos e misturas de ácidos foram recomendados para a incineração úmida, incluindo HCl, $HNO_3$ $H_2SO_4$, $HClO_3$ $H_2O_2$ é adicionado para promover a oxidação da matéria orgânica.

# PARÂMETROS ESTUDADOS

Os seguintes parâmetros foram escolhidos para o estudo comparativo:

**A) Estudos elementares.**

1) Teor de enxofre (%)

2) Teor de nitrogênio (%)

3) Teor de fósforo (%)

4) Teor de sódio (%)

5) Teor de potássio (%)

**B) Estudos bioquímicos.**

1) Estimativa de clorofila a

2) Estimativa da clorofila b

3) Estimativa de carotenoides

4) Estimativa da clorofila total

5) Estimativa da atividade da nitrato redutase

6) Estimativa do teor de nitrato

7) Estimativa de proteínas solúveis totais

8) Estimativa do teor de prolina

9) Estimativa do teor de açúcar

## A) ESTUDOS ELEMENTARES

### 1. ESTIMATIVA DO TEOR DE ENXOFRE

Patterson (1958)

As amostras de folhas secas no forno foram moídas e passadas por uma tela de malha de 72 mm. Em seguida, 0,3 g de material em pó foi pesado. A ele, foram adicionados 10 ml de $HNO_3$ e 1 ml de HCL. Em seguida, foram adicionadas 2 gotas de dióxido de selênio ($SeO_2$) ou 30% de $H_2 O_2$ (peróxido de hidrogênio). O material foi mantido para digestão até ficar incolor. Filtre o material. Ao filtrado, adicione água destilada para completar o volume até 100 ml. A partir desse volume, foram retirados 5 ml da solução e adicionados 1 ml de $BaCL_2$ a 2% e 1 ml de glicerol a 3% , de modo que a cor desenvolvida pela DO foi medida a 420 nm.

**Preto -** 10 ml de $HNO_3$ com 1 ml de HCl, 10 ml de glicerol a 3%, 5 ml de $BaCl_2$ a 2% e 0,1 ml de $SeO_2$ foram adicionados ao DDW para formar 100 ml. Desse volume, foram retirados 5 ml.

**Preparação de reagentes**

$BaCl_2$ a 2% (i) Primeiro, prepare o HCl a 2%. 2 ml de HCl (conc.) foram adicionados ao DDW para atingir o volume final de 100 ml.

(ii) 2 g de $BaCl_2$ foram adicionados a essa solução de HCl a 2% e o volume final foi completado para 100 ml (sem adição de DDW)

3% Glicerol - 3 ml de glicerol foram adicionados ao DDW para completar o volume até 100 ml.

### 2. ESTIMATIVA DO TEOR DE NITROGÊNIO

**Linder (1944)**

Foram coletados 100 mg de amostra de folhas em pó secas no forno. Foram adicionados 2 ml de $H_2 SO_2$ conc. e mantidos para digestão. Adicionou-se 30% de $H_2 O_2$ gota a gota entre o processo de digestão. O material digerido tornou-se incolor. Aumentamos o volume para 100 ml. Desse volume, 10 ml de material digerido foram colocados em um balão volumétrico de 50 ml e 2 ml de NaOH 2,5N com 1 ml de silicato de sódio a 10% foram adicionados. O volume foi completado para 50 ml. Tomou-se uma alíquota de 5 ml e adicionou-se 0,5 ml de Reagente de Nessler. Finalmente, completou-se o volume para 10 ml. Deixar em repouso por algum tempo para o desenvolvimento da cor. A DO foi medida em 525 nm.

**Branco** - 2 ml. NaOH 2,5 N, 1 ml de silicato de sódio e 0,5 ml de reagente de Nessler foram adicionados ao DDW para formar 10 ml e foram retirados como branco.

**Preparação de reagentes**

NaOH 2,5 N - 10 g de NaOH foram adicionados à água destilada para completar o volume até 100 ml.

Silicato de sódio a 10% - 10 g de silicato de sódio foram adicionados à água destilada para completar o volume final até 100 ml.

## 3. ESTIMATIVA DE FÓSFORO

Fiske e Subbarao (1925)

Foram coletados 100 mg de amostra de folhas em pó secas no forno. Foram adicionados 2 ml de $H_2 SO_4$ conc. e mantidos para digestão. Adicionou-se 30% de $H_2 O_2$ gota a gota entre o processo de digestão. O material digerido tornou-se incolor. Aumentou o volume para 100 ml. Desse volume, foi retirada uma alíquota de 5 ml em um balão volumétrico de 10 ml. A ela, foram adicionados 1 ml de reagente de molibdato e 0,4 ml de ácido sulfúrico 1,2,4-aminonaftol. A solução ficou azul. O volume final foi completado para 10 ml e mantido por 5 minutos para o desenvolvimento da cor. A DO foi medida em 620 nm.

**Branco** - 1 ml de reagente de molibdato, 0,4 ml de ácido sulfúrico 1,2,4-aminoftol. Ácido sulfúrico 1,2,4-aminoftol foram adicionados à água destilada para produzir 10 ml e 5 ml foram colocados na cubeta.

**Preparação do reagente**

**a) Ácido 1,2,4-aminonaftol sulfúrico** - 0,5 g de 1-amino, 2-amino, 2-naftol, ácido 4-sulfúrico dissolvido em 125 ml de bissulfato de sódio a 15% e 5 ml de sulfito de sódio a 20%. A solução foi mantida em um frasco de cor âmbar e coberta completamente com papel-alumínio.

**b) Reagente de molibdato a 2,5%** - 6,25 g de molibdato de amônio foram pesados e dissolvidos em um béquer contendo 175 ml de água destilada, à qual foram adicionados 75 ml de $H_2 SO_4$ 10N para obter uma solução clara.

## 4. ESTIMATIVA DE POTÁSSIO

Foram coletados 100 mg de amostra de folhas em pó secas no forno. A ela, foram adicionados 2 ml de Conc. $H_2 SO_4$ e mantidos para digestão, 30% de $H_2 O_4$ foram adicionados gota a gota entre o processo de digestão. O material digerido torna-se incolor. O volume foi aumentado para 100 ml. Desse volume, 10 ml. O material digerido foi colocado em um frasco volumétrico de 50 ml. Balão volumétrico e o volume final foi aumentado para 50 ml. Balão volumétrico e o volume final foi de 50 ml. Adicionando água bidestilada.

Foram preparadas várias concentrações de 20, 40, 60, 80 e 100 ppm de KCl. O fotômetro de chama foi calibrado usando as soluções padrão acima. O K foi estimado no material digerido por fotometria de chama.

### 5. ESTIMATIVA DE SÓDIO

Foram coletados 100 mg de amostras de folhas em pó secas no forno. A ela, foram adicionados 2 ml. Conc. $H_2SO_4$ e mantidos para digestão, 30% de $H_2O_4$ foram adicionados gota a gota entre o processo de digestão. O material digerido torna-se incolor. O volume foi aumentado para 100 ml. Desse volume, 10 ml do material digerido foram colocados em um balão volumétrico de 50 ml e o volume final foi aumentado para 50 ml. Adicionando água bidestilada.

Foram preparadas várias concentrações de 20, 40, 60, 80 e 100 ppm de NaCl. O fotômetro de chama foi calibrado usando as soluções padrão acima. O Na foi estimado no material digerido por fotometria de chama.

## B) PARÂMETROS BIOQUÍMICOS

### 1. ESTIMATIVA DE CLOROFILA

A estimativa de clorofila das folhas foi feita de acordo com os métodos de Hiscox e Israelstam (1979) usando dimetilsulfóxido (DMSO). Os frascos contendo 100 mg de folhas frescas finamente picadas em 7 ml de DMSO foram cobertos com papel preto e mantidos em uma estufa a 65°C. DMSO foram cobertos com papel preto e mantidos a 65 °C por uma hora. A mistura de reação foi transferida para um tubo graduado e o volume final foi aumentado para 10 ml com a adição de DMSO. Esse extrato de clorofila (3 ml) foi colocado em uma cubeta e a absorbância foi lida a 480, 510, 645 e 663 nm no espectrofotômetro Du-64 (Beckman, EUA).

A concentração de clorofila em mg/g de amostra fresca foi calculada usando as seguintes fórmulas fornecidas por MacLachlan e Zalik (1963) e Duxbury e Yentsch (1956).

$$Cholorphyll\ a\ (mg\ g^{-1} f.w.) = \frac{12.3_{OD\,663} - 0.85_{OD\,645}\ x\ V}{d\ x\ 1000\ x\ W}$$

$$Cholorphyll\ b\ (mg\ g^{-1} f.w.) = \frac{19.3_{OD\,645} - 0.85_{OD\,663}\ x\ V}{d\ x\ 1000\ x\ W}$$

$$Carotenoid\ \ (mg\ g^{-1} f.w.) = \frac{7.6_{OD\,480} - 1.49_{OD\,510}\ x\ V}{d\ x\ 1000\ x\ W}$$

Em que D = comprimento do caminho da luz em cm, W = peso fresco das folhas em gm e V = volume do extrato em ml, enquanto OD 663, 645, 510 e 480 indicam valores de densidade óptica obtidos nos respectivos comprimentos de onda.

## 2. ESTIMATIVA DA ATIVIDADE DA REDUTASE INTRATECAL

A atividade de NR foi determinada pelo método de Klepper et al. (1971). Frascos contendo 0,3 g de folhas frescas com 3 ml de tampão fosfato (pH 7,2) e 3 ml de $KNO_3$ (0,4M) cada foram mantidos em dessecadores a vácuo e a infiltração a vácuo foi feita por 30 segundos. Os frascos foram mantidos em uma incubadora de banho-maria por 1 hora a 33° segundos. Os frascos foram mantidos em uma incubadora de banho-maria por 1 hora a 33 °C no escuro e, em seguida, em água quente por 5 minutos para interromper a reação. Foram adicionados 1 ml de sulfanilamida (1% em 1N-HCl) e 1 ml de NEDD (0,02%). Adicionados em uma alíquota de 0,2 ml. Os frascos foram mantidos no escuro por 30 minutos para o desenvolvimento da cor e o volume final foi então completado para 6 ml com água. A absorbância foi lida a 540 nm no espectrofotômetro DU B640. A concentração correspondente de nitrito foi determinada com base na curva padrão preparada com solução de nitrito de sódio ($NaNO_2$).

**Preparação de reagentes**

0,4 M de $KNO_3$ foi preparado dissolvendo-se 4,04 g de KN $O_3$ em 100 ml de DDW.

A sulfanilamida a 1% foi preparada dissolvendo-se 1 g de sulfanilamida em 100 ml de 1NHC1. Cloreto de hidrogênio 1 N foi preparado dissolvendo-se 8,4 ml de HCl em 91,6 ml de DDW. 0,02% de NEDD foi preparado dissolvendo-se 0,2 g de NEDD em 100 ml de DDW.

**Tampão de fosfato:** 3,56 g de Na2 $HPO_4$ 0,2M foram dissolvidos em 100 ml de DDW para formar a solução A. Em outro frasco, 3,12 g de $NaH_2$ $PO_4$ 0,2M foram dissolvidos em 100 ml de DDW para formar a solução B. A solução B foi adicionada gota a gota à solução A de modo a obter PH 7,0 para a manteiga.

## 3. ESTIMATIVA DO TEOR DE NITRATO

A extração de nitrato foi feita pelo método de Grover et al. (1978). Meio grama de folhas frescas coletadas em um frasco cônico foi adicionado a 50 mg de carvão e 10 ml de água destilada e fervido por 10 minutos. Após o resfriamento e a filtração, o volume do filtrado foi aumentado para 50 ml com a adição de água destilada. Um ml dessa alíquota foi misturado com 0,5 ml de solução de $CuSO_4$ $ZnSO_4$, 0,25 ml de sulfato de hidrazina, 0,25 ml de NaOH 0,1N e 1,5 ml de água destilada. Os frascos foram mantidos em uma incubadora de banho-maria por 10 minutos a 33 °C e depois transferidos para o gelo. Acetona resfriada (0,5 ml) foi adicionada à alíquota para interromper a reação e remover o sulfato de hidrazina extra. Em 2,0 ml dessa mistura, foram adicionados 1,0 ml de cada uma das substâncias sulfanilamida e NEDD [N(1-naptil) etileno diamina dicloridrato] e os frascos foram mantidos por 30 minutos para o desenvolvimento da cor. O volume foi completado para 6,0 ml com água e a absorbância foi lida a 540 nm no espectrofotômetro Backman, DU 640 B (Evans e Nason, 1953). A concentração correspondente de nitrato foi determinada em relação à curva padrão preparada com solução de nitrato de sódio ($NaNO_3$).

**Preparação de reagentes**

NaOH 0,1 N foi preparado dissolvendo-se 0,4 g de NaOH em 100 ml de água destilada.

O sulfato de hidrazina foi preparado dissolvendo-se 152 mg de sulfato de hidrazina em 100 ml de DDW.

A acetona a 10% foi preparada dissolvendo-se 10 ml de acetona em 100 ml de DDW.

A sulfanilamida a 1% foi preparada dissolvendo-se 1 g de sulfanilamida em 100 ml de HCl 1 N. 0,02% de NEDD foi preparado dissolvendo-se 0,02 g de NEDD em 100 ml de DDW.

solução catalisadora foi preparada dissolvendo-se 31,36 mg de $CuSO_4$ em 100 ml de água destilada, dos quais 10 ml foram retirados e adicionados a 10 mg de $ZnSO_4$.

## 4. ESTIMATIVA DO TEOR DE PROTEÍNA SOLÚVEL TOTAL

De acordo com o método de Bradford (1976), 0,5 g de folhas frescas foram trituradas em um almofariz e pilão com 1,5 ml de tampão fosfato 0,2 M (pH 7,0) e, em seguida, entrifugadas a 5·000 rpm por 10 minutos a 4 °C. Meio ml de sobrenadante adicionado com 0,5 ml de TCA foi centrifugado a 3300 rpm por 30 minutos. O sobrenadante foi descartado e o pellet restante foi lavado duas vezes com DDW e dissolvido em 1 ml de NaOH 0,1 N. Em seguida, uma alíquota de 0,1 ml foi adicionada a 5 ml de reagente de Bradford e mantida por meia hora. A absorbância foi lida a 595 nm. As concentrações de proteína foram determinadas usando albumina de soro bovino como padrão.

**Preparação de reagentes**

(a)**Reagente de Bradford**: 100 mg de azul brilhante coomássico G250 (sigma) foram dissolvidos em 50 ml de etanol 90%. A solução foi diluída até um volume final de 1 litro com a adição de DDW.

(b)**Tampão fosfato**: As soluções A e B foram preparadas e misturadas conforme descrito anteriormente.

(c)O ácido tricloroacético (TCA) a 10% foi preparado dissolvendo-se 10 g de TCA em 100 ml de DDW.

(d)O hidróxido de sódio 1N foi preparado dissolvendo-se 0,4 g de NaOH em 100 ml de DDW.

## 5. ESTIMATIVA DO TEOR DE PROLINA

O nível de prolina das folhas foi estimado de acordo com o método de Bates et al (1973). 0,3 g de material fresco da folha foi homogeneizado em 10 ml de ácido sulfossalicílico aquoso a 3%. O homogenato foi centrifugado a 10.000 rpm por 10 minutos. Dois ml do sobrenadante, 2 ml de ácido acético glacial e 2 ml de ninidrina ácida foram colocados em um tubo de ensaio. Essa mistura foi incubada por 1 h a 100 °C para completar a reação. A reação foi encerrada colocando-se os tubos em um banho de gelo. Após o término da incubação, a mistura foi extraída com 4 ml de tolueno. O extrato foi agitado vigorosamente em um vórtex por 20 segundos. A fração contendo o cromatóforo foi então aspirada da fase aquosa e sua absorbância foi determinada a 520 nm usando um espectrofotômetro (Beckman 640B, EUA). A L-pralina foi processada da mesma maneira para preparar a curva padrão. A quantidade de pralina foi expressa como µg de prolina $g^{-1}$ f.w.

(a)Ácido ortofosfórico (6N)

Ele foi preparado com 38,1 ml de ácido ortofosfórico e o volume foi completado para 100 ml com água bidestilada.

(b)Ninidrina ácida

1,25 g de ninidrina ácida foi dissolvido em 30 ml de ácido acético glacial e 20 ml de ácido O-fosfórico 6N. Uma nova solução foi preparada para cada experimento.

## 6. ESTIMATIVA DO TEOR DE AÇÚCAR

O açúcar solúvel foi estimado pelo método de Day (1990). 0,1 material de folha fresca foi mantido em 10 ml de álcool por uma hora a 60 °C em uma incubadora. Em seguida, o extrato foi decantado em um balão volumétrico de 25 ml e o resíduo foi extraído novamente. O volume final foi completado para 25 ml com a adição de álcool. Um ml da alíquota (contendo 20-100 µg de açúcar) foi transferido para um tubo de ensaio de parede espessa e 1,0 ml de fenol a 5% foi adicionado a ele e bem misturado. Em seguida, foram adicionados cinco ml de ácido sulfúrico de grau analítico e misturados completamente por agitação vertical com uma haste de vidro. Para a reação exotérmica, os tubos de ensaio foram resfriados ao ar. A absorbância foi registrada a 485 nm no espectrofotômetro Beckman, DU 640. A concentração correspondente foi determinada com base em uma curva padrão preparada com uma solução de glicose.

## ANÁLISE ESTATÍSTICA

Os dados coletados do estudo dos parâmetros bioquímicos e elementares da árvore selecionada foram analisados estatisticamente, como segue.

**Média :-** É uma medida de tendência central da distribuição e é definida como a soma de todas as observações individuais dividida pelo número total de observações. Ela é designada como x.

$$\bar{x} = \frac{x_1 x_2 + x_3 - - - - - x_x}{n}$$ $x_1\ x_2\ x_3$ ---------$x_n$ = observation

$$\bar{x} = \frac{\sum x_1}{N}$$

Onde $\sum x_1$ é o número total de indivíduos. -------------------------

$n$ = número total de observações.

$x$ = Média de todas as observações

**Desvio padrão (SD) :** O SD ou a faixa padrão de observação é a raiz quadrada positiva da média da soma dos desvios quadrados de todas as observações em relação à sua média. É denotado por um símbolo (± ). O SD para amostras grandes (n) é obtido pela fórmula (quando n é maior que 10).

$$S.D. = \mp \frac{\sqrt{\sum (x_1 - x)^2 + (x_2 - x)^2 + (x_3 - x^2 - -x_n - x)^2}}{x}$$

$$\text{S.D} = \pm \frac{\sqrt{\sum (x_1 - x)^2}}{n}$$

Para amostras pequenas, usamos a fórmula (quando = menos de 10)

$$\text{S.D.} = \pm \frac{\sqrt{\sum (x_1 - x)^2 + (x_2 - x)^2 + (x_n - x)^2}}{n-1}$$

$$= \frac{\sqrt{\sum (\bar{x}_1 - x)^2}}{n-1}$$

Variação percentual: Para mostrar e comparar a variabilidade relativa de dois ou mais conjuntos de medições, inteiramente em unidades diferentes, calcula-se a variação percentual. Esse é o número sem unidade e mede a magnitude da variável presente entre a média de duas amostras relacionadas à média dos locais selecionados como padrão para comparação.

$$\text{Percent variation} \frac{= \overline{Xc} - \overline{X}_p x100}{\overline{Xc}}$$

$\overline{X}c$ = Valor médio da planta de controle

$\overline{X}p$ = Valor médio da planta tratada

# CAPÍTULO 4. OBSERVAÇÃO, TABELAS E GRÁFICOS

**Análise elementar e bioquímica da Alstonia scholaris que cresce perto de cruzamentos de tráfego e em condições atmosféricas normais.**

## (A) ANÁLISE ELEMENTAR

**Tabela 1: Teor de nitrogênio em porcentagem**

| Amostra | Controle | Poluído | Variação percentual |
|---|---|---|---|
| 1st amostragem | 3.8 | 6.4 | 68.42 |
| 2nd amostragem | 3.4 | 6.1 | 79.41 |

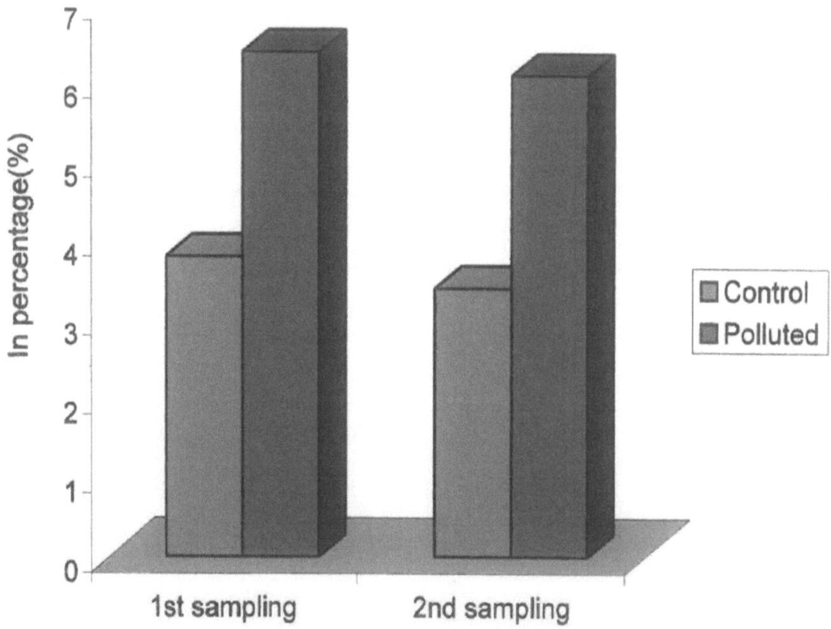


**Effect of vehicular pollution on Nitrogen content**

**Tabela 2: Teor de fósforo em porcentagem**

| Amostra | Controle | Poluído | Variação percentual |
|---|---|---|---|
| 1st amostragem | 0.27 | 0.53 | 96.29 |
| 2nd amostragem | 0.29 | 0.56 | 93.10 |

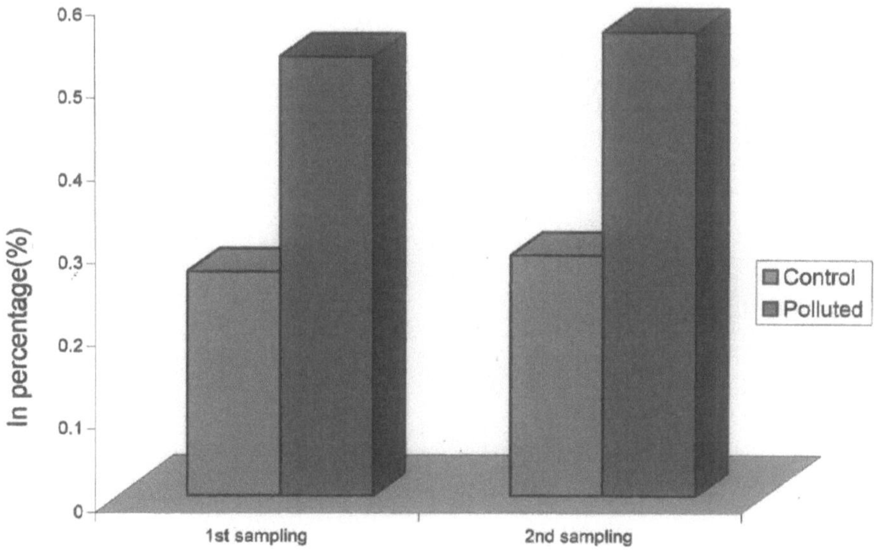


**Effect of vehicular pollution on Phosphorus content**

Tabela: 3. teor de potássio em porcentagem

| Amostra | Controle | Poluído | Variação percentual |
|---|---|---|---|
| 1st amostragem | 3.91 | 4.72 | 22.25 |
| 2nd amostragem | 4.91 | 5.00 | 1.83 |

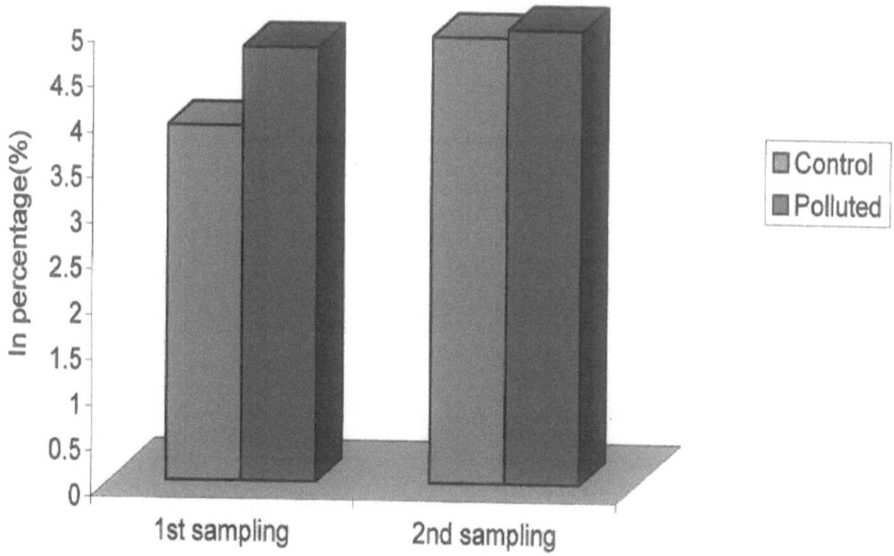


Effect of vehicular pollution on potassium content

Tabela: 4. teor de sódio em porcentagem

| Amostra | Controle | Poluído | Variação percentual |
|---|---|---|---|
| 1st amostragem | 0.07 | 0.82 | 1071.42 |
| 2nd amostragem | 0.25 | 0.61 | 144.0 |

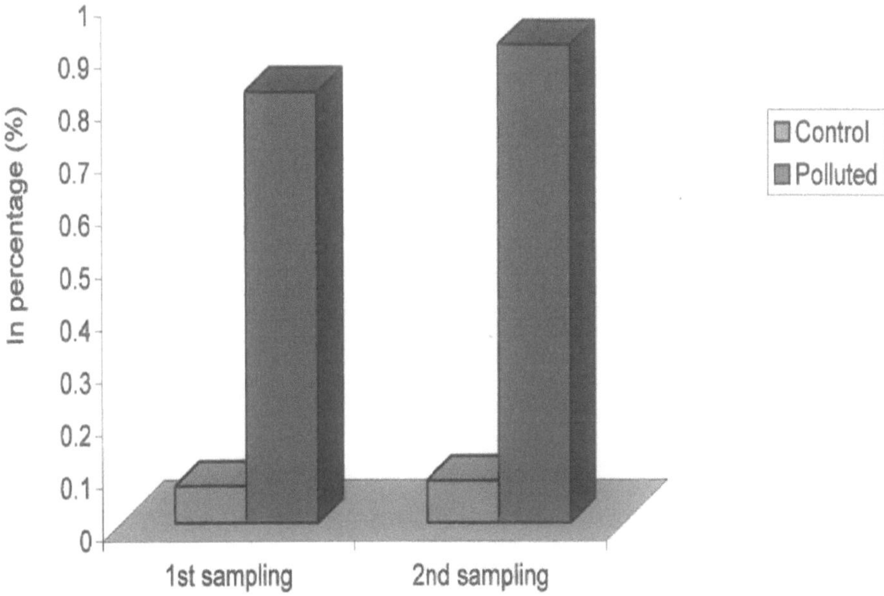


Effect of vehicular pollution on sodium content

**Tabela: 5. Teor de enxofre em porcentagem**

| Amostra | Controle | Poluído | Variação percentual |
|---|---|---|---|
| 1st amostragem | 0.24 | 0.47 | 95.83 |
| 2nd amostragem | 0.25 | 0.61 | 144.0 |

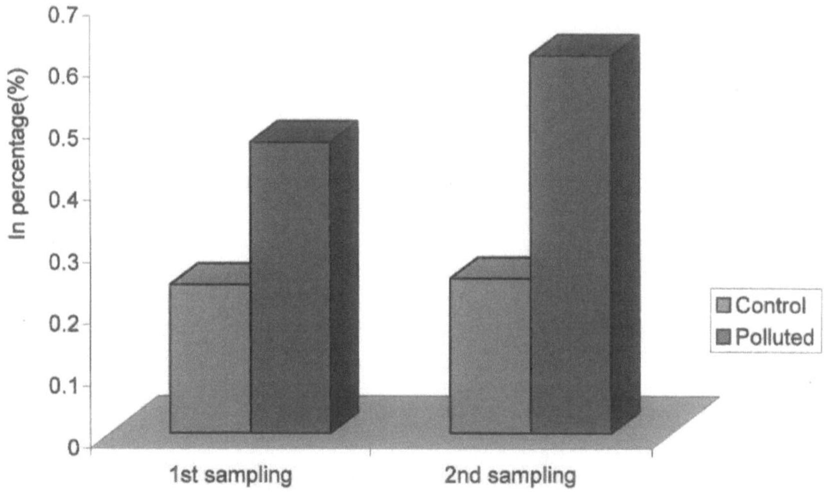


Effect of vehicular pollution on Sulphur content

# (B) ANÁLISE BIOQUÍMICA

**Tabela: 6. Conteúdo de clorofila (mg/g de peso fresco)**

| Amostra | Controle | Poluído | Variação percentual |
|---|---|---|---|
| Chl.a | 0.231 | 0.141 | 38.96 |
| Chl.b | 0.113 | 0.013 | 0.08 |
| Carotenoides | 0.301 | 0.211 | 29.90 |

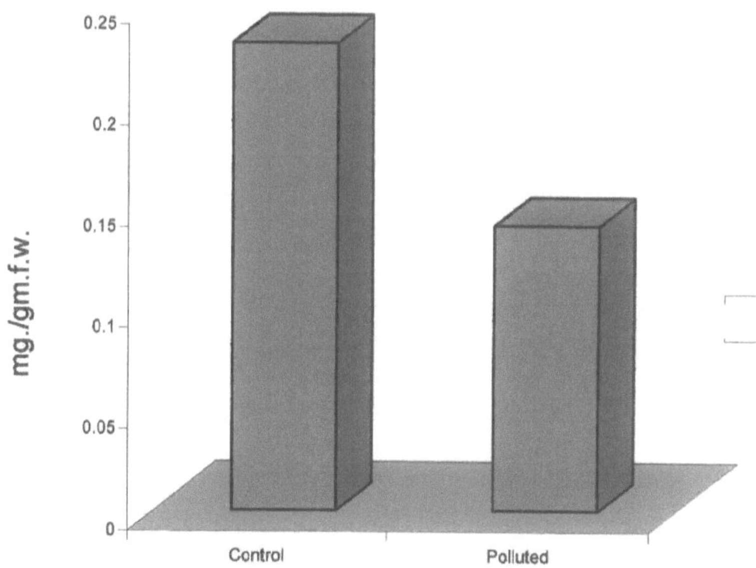


Effect of vehicular pollution on Chl.a content

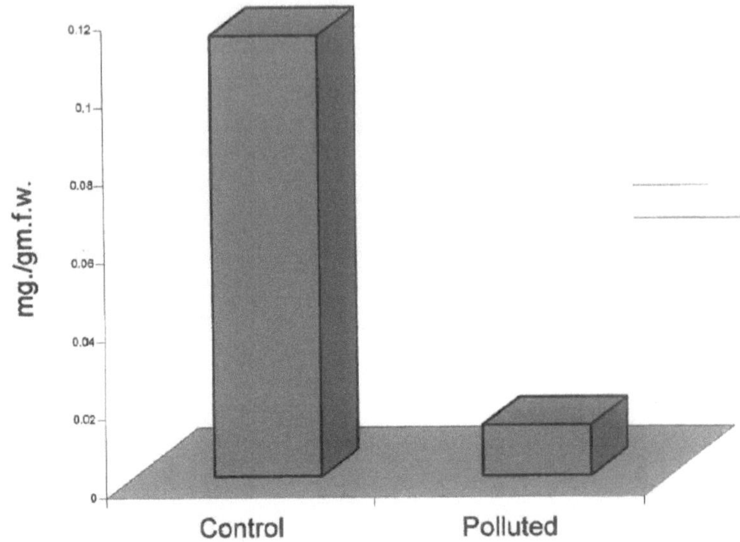


**Effect of vehicular pollution on Chl. b content**

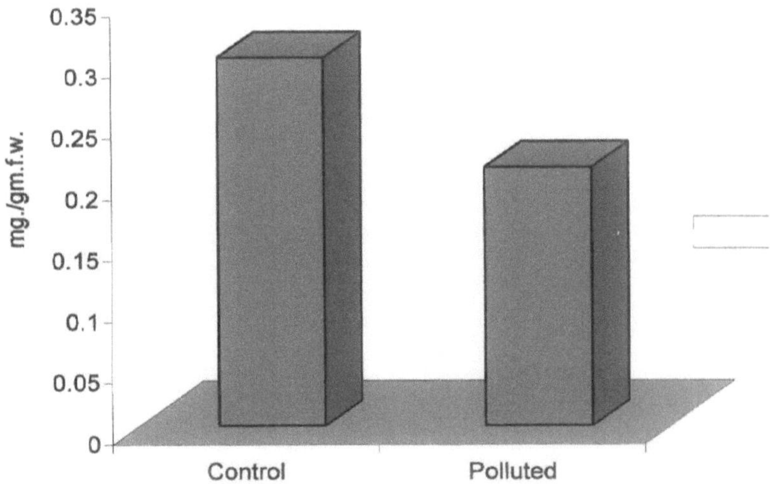


**Effect of vehicular pollution carotenoid content**

Tabela: 7. Conteúdo de proteína (mg/g de peso fresco)

| Amostra | Controle | Poluído | Variação percentual |
|---|---|---|---|
| 1st amostragem | 3.04 | 2.86 | 5.92 |
| 2nd amostragem | 3.14 | 2.80 | 10.82 |

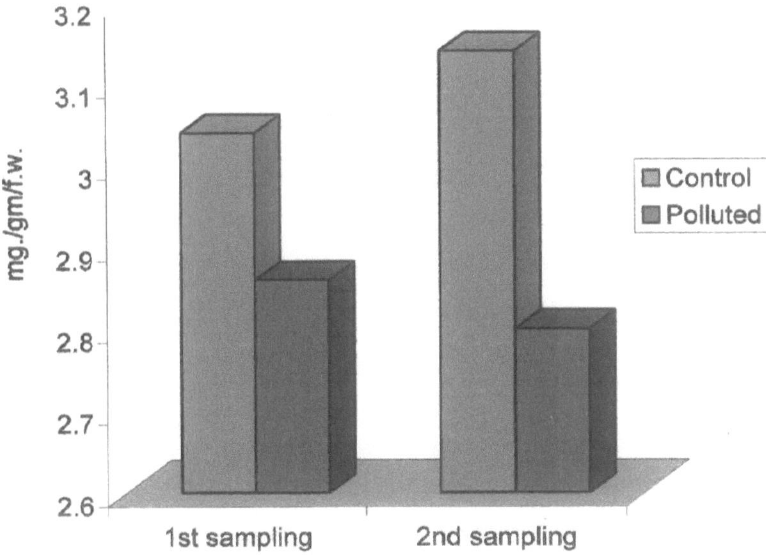


Effect of vehicular pollution on Prtein content

Tabela: 8. Teor de nitrato (µ moles/g de peso fresco)

| Amostra | Controle | Poluído | Variação percentual |
|---|---|---|---|
| 1st amostragem | 3.314 | 4.214 | 27.15 |
| 2nd amostragem | 2.16 | 2.61 | 20.83 |

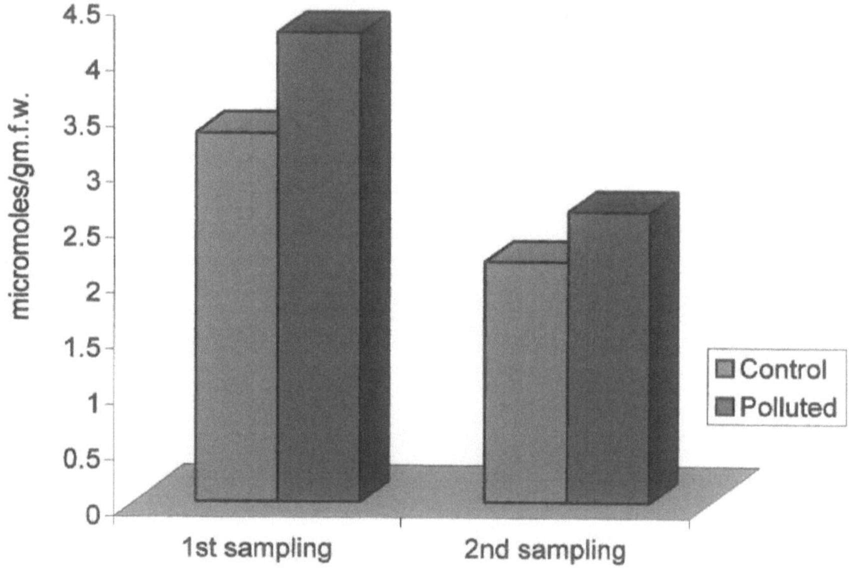


**Effect of vehicular pollution on Nitrate content**

**Tabela: 9. Nitrato redutase (N.R.A.) em µ moles $NO_2$ produzido/hr/g de peso fresco**

| Amostra | Controle | Poluído | Variação percentual |
|---|---|---|---|
| 1st amostragem | 2.13 | 3.28 | 53.99 |
| 2nd amostragem | 2.24 | 3.38 | 50.89 |

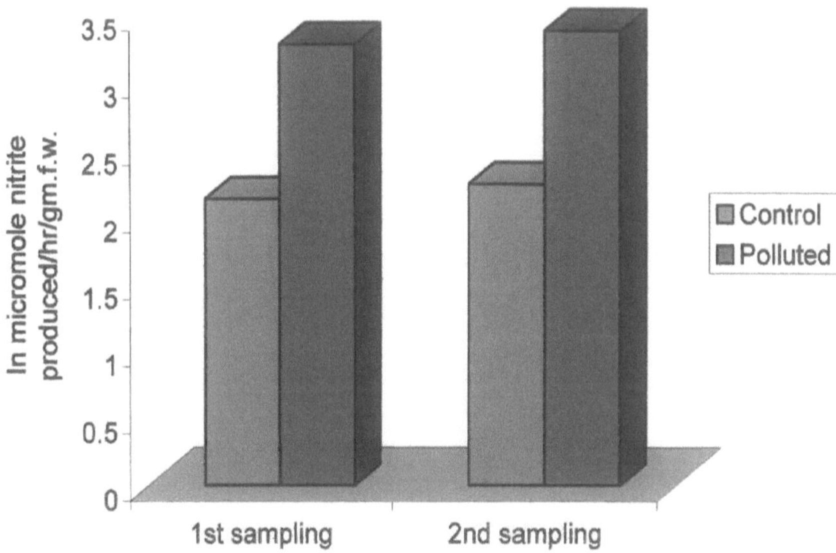


**Effect of vehicular pollution on Nitrate reductase** (N.R.A.)

Tabela:10. Teor de açúcar em µg/g de peso fresco

| Amostra | Controle | Poluído | Variação percentual |
|---|---|---|---|
| 1st amostragem | 376 | 150 | 60.10 |
| 2nd amostragem | 346 | 144 | 58.38 |

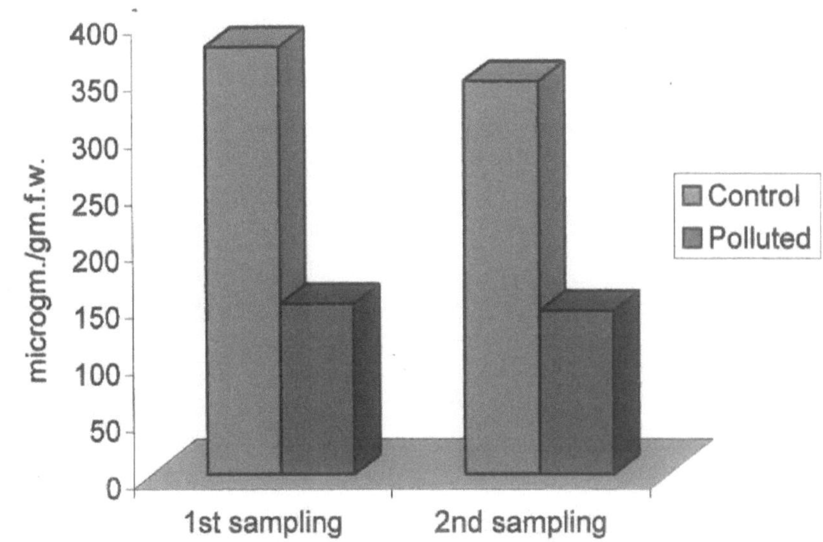


**Effect of vehicular pollution on Sugar content**

**Tabela:11. Conteúdo de prolina em μmoles/g de peso fresco**

| Amostra | Controle | Poluído | Variação percentual |
|---|---|---|---|
| 1st amostragem | 45.67 | 68.68 | 50.30 |
| 2nd amostragem | 85.58 | 95.20 | 11.24 |

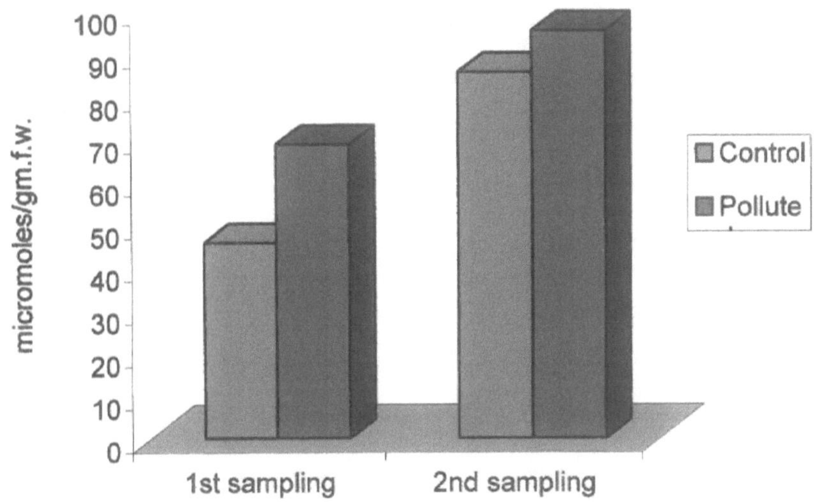


**Effect of vehicular pollution on Proline content**

# CAPÍTULO 5. RESULTADOS

A planta que cresce nas proximidades dos cruzamentos de tráfego de veículos (Chirag Delhi) foi comparada com o local de referência (Jamia Hamdard Campus). A seguinte conclusão pode ser tirada do projeto realizado com a Alstonic scholaris.

**Nitrogênio:** O conteúdo de nitrogênio no tecido foliar da planta mostrou um aumento na concentração de poluentes devido ao lançamento de veículos.

**Fósforo:** O conteúdo de fósforo aumentou na Alstonia que cresceu em local poluído.

**Potássio :** A concentração aumentou e ultrapassou a faixa normal para plantas poluídas, enquanto estava em nível suficiente no local de referência.

**Sódio:** O teor de sódio aumentou com o aumento da poluição veicular.

**Enxofre:** O enxofre estava presente em um nível muito mais alto no local poluído do que no local de referência.

**Conteúdo de clorofila:** o conteúdo de pigmentos, incluindo clorofila a, clorofila b e carotenoides, diminuiu significativamente na amostra poluída.

**Proteína:** O teor de proteína diminui com o aumento da poluição em Alstonia.

**Nitrato:** O teor de nitrato aumentou com o aumento da poluição.

**Atividade de nitrato redutase:** Mostrou uma tendência de aumento com o aumento da poluição.

**Açúcar:** O teor de açúcar diminuiu com o aumento da poluição.

**Conteúdo de prolina:** O conteúdo de prolina apresentou uma tendência de aumento com o aumento da poluição.

# CAPÍTULO 6. DISCUSSÃO

A poluição do ar, isoladamente ou em conjunto, prejudica a folhagem e causa clorose, necrose e outras lesões. Os principais poluentes que causam essas lesões são $SO_2$, fluoreto, Co, $O_3$, oxidantes fotoquímicos e raiz de fumaça (Feder, 1970, Jacobsen e Hill, 1970, Towiangean et al., 1977, Amani, 1982, Tripathi e Trpathi, 1992, Esmat, 1993, Khan e Khan, 1994, Williams et al, 1996).

Nosso meio ambiente é composto de atmosfera, terra, água e espaço. Infelizmente, devido a várias atividades humanas, a composição natural e a natureza complexa do meio ambiente mudaram, resultando em efeitos drásticos, como o efeito estufa, a destruição da camada de ozônio, a chuva ácida e o aumento da carga de poluição, causando degradação ambiental que afeta negativamente todos os organismos vivos do nosso planeta.

Um dos resultados da atividade humana é o aumento do uso de combustíveis fósseis no transporte, que emitem gases nocivos como $NO_x$, CO, chumbo e $SO_2$, causando danos não apenas aos seres humanos, mas também às plantas.

As árvores à beira da estrada podem ajudar a limpar a poluição veicular e reduzir a quantidade de material particulado na atmosfera, pois as árvores têm a capacidade de reduzir o movimento terrestre de poluentes particulados em 38% (Duchinger, 1980). Porém, devido ao aumento constante dos veículos que usam combustíveis nocivos, milhares e milhares de árvores nas estradas de Délhi estão clamando pelas necessidades mais básicas - ar e água - e estão sendo sufocadas para morrer de forma não natural.

Embora muitos trabalhos sobre as condições das árvores que crescem nas proximidades de cruzamentos de tráfego tenham sido realizados por profissionais preocupados com seus aspectos anatômicos e fisiológicos, pouco trabalho foi feito sobre a composição elementar das plantas que crescem sob estresse da poluição veicular. Foi feito um esforço para detectar as diferenças em alguns aspectos elementares e bioquímicos de uma árvore comum de beira de estrada, *a Alstonia scholaris*, que cresce sob alta carga de poluição veicular perto de CHIRAG DELHI, e essa planta foi comparada com a planta que cresce no local de referência, o Campus Jamia Hamdard. As investigações atuais realizadas na *Alstonia scholaris* mostraram uma tendência de aumento com o aumento da poluição veicular nas seguintes características: nitrogênio, enxofre e potássio, que ultrapassaram a faixa normal de suficiência e foram considerados tóxicos, enquanto o teor de fósforo e sódio também aumentou com o aumento da poluição, mas não ao nível de toxicidade.

Tendência semelhante foi observada no caso do nitrato e a atividade da redutase do nitrato foi considerada mais alta com o aumento do nível de poluição.

As descobertas sobre o aumento ou a diminuição da composição elementar em relação ao nível de poluição indicam que o equilíbrio cátion-ânion, ânion-ânion e cátion-cátion é mantido no tecido das plantas e no solo para o crescimento e o desenvolvimento adequados das plantas também em condições adversas.

As presentes investigações realizadas na *Alstonia Scholaris* também revelaram que houve uma flutuação sazonal em todas as características elementares e bioquímicas, já que a 1ª primeira amostragem feita no mês de outubro mostrou menor porcentagem de elementos e menor quantidade de características bioquímicas em comparação com a 2ª segunda amostragem feita na última semana de janeiro. Isso pode ser atribuído ao fato de que o mês de outubro é seguido por chuvas, o que leva à lavagem dos poluentes das folhas ou ao escoamento de poluentes tóxicos do solo ou à percolação desses poluentes para o lençol freático subterrâneo, ficando assim fora do alcance das plantas e raízes, ao passo que no mês de janeiro, que é uma estação de inverno, a maioria dos poluentes é depositada na superfície das folhas ou do solo e é absorvida pelas raízes da planta ou diretamente pelas folhas devido à exposição prolongada desses poluentes na folha.

Assim, as amostras de folhas coletadas durante a 2ª segunda amostragem no mês de janeiro mostraram um alto nível de elementos que até ultrapassaram a faixa de suficiência, por exemplo, na *Alstonia scholaris* houve um aumento na taxa de nitrogênio e potássio. No entanto, esse aumento atingiu o nível tóxico durante a segunda amostragem, em comparação com a primeira, que estava ligeiramente acima da faixa normal.

Da mesma forma, houve um aumento nas características bioquímicas, como a atividade da redutase de nitrato e o teor de nitrato, que foi maior durante a 2ª amostragem em comparação com a 1ª amostragem, o que pode ser devido ao aumento do nível de poluição no mês de janeiro em comparação com outubro.

Na presente pesquisa, houve uma mudança moderada a intensa na composição elementar, bem como nos parâmetros bioquímicos da *Alstonia scholaris* que cresceu nas proximidades da poluição veicular pesada, em comparação com o local de referência. Eles são discutidos a seguir:

É um fato bem conhecido que a atividade fotossintética é baseada na quantidade de pigmentos de cloroplasto na folha. Houve uma redução considerável nos pigmentos de clorofila da *Alstonia scholaris* crescendo no local poluído, o que pode ser devido a poluentes como o $SO_2$, que causa a formação de feofitina pela acidificação da clorofila. A perda subsequente de $Mg^{2+}$ também foi relatada sob estresse de poluição pesada, causando redução na clorofila (Rao e Le Blance, 1966; Saxe, 1983).

A presença de terra em cruzamentos de tráfego sugere inibir a biossíntese de clorofila (Van Assche e Clijsters, 1990). Diversos fatores influenciam o nível de suprimento de nitrato extraível e têm um efeito maior sobre essa enzima do que poluentes individuais. A indução do efeito do nitrato sobre essa enzima é maior do que a dos poluentes individuais. A indução da atividade da nitrato redutase pela atmosfera de $NO_2$ foi demonstrada pela primeira vez por Zeevart (1974) em ervilhas cultivadas em meio à base de amônio. Quando expostas a um alto nível de $NO_2$ (23 ul $I^{1}$), foi observada uma rápida indução da atividade enzimática.

Srivastava e Ormrod (1984) mostraram que grandes aumentos nas atividades da redutase de nitrato do broto estavam associados a aumentos no suprimento de nitrato da raiz.

Vários trabalhadores examinaram o efeito da exposição ao $NO_2$ sobre a atividade da redutase do nitrato em coníferas porque a deposição de excesso de nitrogênio foi sugerida como uma possível causa do declínio da floresta (Wellburn, 1988). Wingrle et al. (1987) fumigaram mudas de pinheiro-escocês com 8 Sn 1 1-$^{(1)\ de}$ nitrogênio na forma de NO e $NO_2$ e detectaram um aumento dramático na atividade da N.R.

Tanto a atividade da nitrato quanto a da nitrato redutase aumentaram com o aumento da poluição veicular, em comparação com o local de referência em *Alstonia scholaris*, o que corresponde às observações feitas por Abrol et al., 1976. Essa enzima (NR) regula a primeira etapa da assimilação de nitrogênio. Sua atividade está diretamente relacionada à concentração de nitrato nas folhas. Quando a atividade da NR é alta, ela reduz uma quantidade maior de nitrato que será utilizada posteriormente na síntese de proteínas. Portanto, tanto a atividade de nitrato quanto a de N.R. aumentaram na *Alstonia scholaris* que cresceu em áreas de poluição pesada.

Houve um declínio no conteúdo de proteína das folhas afetadas pela poluição. Achados semelhantes também foram relatados anteriormente por muitos trabalhadores (Joshi et al., 1993; Williams e Banerjee, 1995; Verma e Aggarwal, 1996). Essa redução no teor de proteína pode ser atribuída à quebra da proteína existente ou à redução da síntese de proteína, resultando no aumento do teor de aminoácidos livres (Malhotra & Khan, 1984).

Os níveis de açúcar nas folhas de *Alstonia scholaris* no local poluído diminuíram significativamente em comparação com o local de referência. Uma diminuição no teor de açúcar pode afetar a produtividade da planta, pois o ozônio tem efeitos inibitórios na concentração de açúcar (Farage et al., 1991). A diminuição dos níveis de açúcar após a exposição ao $SO_2$ foi relatada em *Ulmus americana* (Kozlowski 1979; Khan & Jain 1995-1996).

A quantidade de enxofre nas folhas de *Alstonia scholaris* que crescia perto de um cruzamento de tráfego estava em um nível tóxico, em comparação com as plantas do local de referência. Resultados semelhantes foram obtidos em folhas de abeto (Meng et al., 1995). E Lagencovia sicenaria (Gupta et al., 1993) crescendo em um ambiente poluído. O $SO_2$ absorvido é convertido em sulfito, que inibe a fotofosfrilação cíclica e não cíclica ao afetar o fator de acoplamento dos tilacóides dos cloroplastos

(Ryrie, 1971) e as enzimas do ciclo de Calvin nas folhas (Zeigler, 1972). O crescimento das plantas é afetado negativamente quando a concentração de íons específicos excede seus limites e se torna tóxica. Os sais também podem reduzir o crescimento das plantas ao reduzir significativamente o potencial hídrico ou ao interferir na absorção de nutrientes. A concentração na qual esses efeitos ocorrem varia de acordo com a capacidade genética da espécie, o estágio de crescimento, as interações ambientais e as espécies de íons (Mengel, 1984).

A quantidade de conteúdo de sódio aumentou com o aumento da poluição veicular. Isso confirma os resultados de Misra e Pandey (1993), que constataram que os poluentes do ar aumentaram o tecido da Lemna pavcicostata com 15 dias de idade.

O solo sódico ou alcalino resulta em deficiências de $Ca^{z+}$ e $Mg^{2+}$, resultando em crescimento deficiente entre as espécies de plantas do site (Rana, 1985), o que confirma a diminuição do teor de cálcio da *Alstonia scholaris* que cresce nas proximidades da poluição; como o cálcio regula a permeabilidade das membranas e os processos relacionados, desempenhando assim um papel importante na bioquímica das plantas, sua deficiência pode levar à ruptura das paredes celulares e ao colapso dos tecidos afetados. Uma diminuição no conteúdo de cálcio leva a um desequilíbrio entre os cátions e os ânions. (Marshner, 1986).

Essas são evidências de que os altos níveis de nitrogênio exacerbam a deficiência de cálcio nas plantas (Murtadh et al., 1988). Esse achado corrobora o aumento do teor de nitrogênio com a diminuição do cálcio na *Alstonia scholaris* que cresce em locais poluídos. Da mesma forma, a quantidade de potássio na *Alstonia scholaris* mostrou uma tendência de aumento com a poluição, o que confirma a descoberta de J.S. Bailey (1989), em que a quantidade de conteúdo de K na grama perene Rye aumentou com a diminuição do conteúdo de cálcio. O cálcio possivelmente substitui o potássio no tecido da planta. (J.S. Bailey, 1989).

Os resultados acima indicam que há uma interação adequada entre os elementos para manter sua absorção pelas plantas. A acidificação do solo por poluentes atmosféricos fornece evidências do aumento da lixiviação de cátions básicos como Ca2+ e Mg2+ do solo, o que pode ser a possível razão para a diminuição do Ca na *Alstonia scholaris.* Seu impacto sobre a vegetação consiste em danos diretos à superfície da folha, perdas de nutrientes por lixiviação e aumento da solubilidade e disponibilidade de substâncias tóxicas, incluindo metais pesados para as superfícies da folha e da raiz (Marshner, 1984).

As plantas que crescem em ambientes poluídos estão sob condições de estresse: os poluentes gasosos, após entrarem pela cavidade estomática, dissolvem-se no fluido extracelular e reagem com compostos biológicos para produzir radicais livres. Isso pode levar a um grave distúrbio metabólico e a danos ao material genético, reduzindo todo o crescimento e a produtividade da planta.

Os poluentes gasosos, como $O_3$, $SO_2$, NOx e HF, destroem a organização ultraestrutural das células das folhas. Os tilacóides incham, curvam-se e se desintegram, a matriz citoplâmica e plástica torna-se granular, as mitocôndrias são lesadas e o número de ribossomos diminui (Blingy etal, 1973, Godzik e Sarsen, 1974, Malhotra, 1976; Mlod zianouwki e Biolobok, 1977). O HF e o $SO_2$ causam alterações ultraestruturais semelhantes nas agulhas de pinheiro e abeto, mas a lesão causada pelo HF é mais grave (Soikkeli, 1981). Além das alterações ultraestruturais, esses poluentes produzem radicais livres (Tanoka et. al, 1982, Grimes et. al. 1983). Isso leva à oxidação de proteínas (Mehlhorn et al., 1986), à peroxidação de lipídios (Chia et. al., 1984) e à quebra de fitas de DNA (Brawn e Fridovich, 1981). Diz-se que o flúor inibe a atividade das enzimas por se ligar ao cálcio ou magnésio necessários para a atividade enzimática e pela possível formação, com o íon flúor, de anulogogos metabólicos inotabólicos venenosos. Ele também reduz acentuadamente o conteúdo de fosfato livre e causa a precipitação de cálcio (Barel, 1945).

# REFERÊNCIAS

1. Abrol, Y.P, Kaim, M.S e Nair, T.V.R. (1976). Nitrogen assimilation, its mobilization and accumulation in wheat (Triticum aestivum L.) grains (Assimilação de nitrogênio, sua mobilização e acúmulo em grãos de trigo). Cereals Res. Comm. 4: 431-440.

2. Amani. A.Z(1982). Studies on the population dynamics of some common weeds under the stress of environmental pollution, tese de doutorado, A.M.U., Índia.

3. Anoymous (1979). Comissão Econômica das Nações Unidas para a Europa (convenção sobre poluição atmosférica transfronteiriça de longo alcance). International digest of health legislation, 30(4): 965.

4. Anoymous (1982). Estimativa da exposição humana à poluição do ar. GEMS (Sistema de Monitoramento Ambiental Global. Genebra, publicação compensatória da OMS (OMS), nº 69).

5. Anoymous (1984). Comissão Econômica das Nações Unidas para a Europa. Airborne sulphur pollution: effect and control (Poluição de enxofre no ar: efeito e controle). Nova York, Nações Unidas (Air Pollution Series, No.1).

6. Anoymous (2002). Destaques de Parivesh. CPCB. Ministério do Meio Ambiente e das Florestas.

7. Bailey J.S. (1989) J. Plant Nutr., 12:101-103.

8. Bjerkman, O. (1966). The effect of oxygen concentration on photosynthesis in higher plant (O efeito da concentração de oxigênio na fotossíntese em plantas superiores). Plant. 19:618-633.

9. Borel, H. (1945). Inhibition of cellular oxidation by fluoride Arkiv for Kemi, Mineralogoch Geolgik sevenska ventenskaps-Akademien. Stockhdm, Uppasala Amquist et wikselle Boktryches 20A: 1-215 .

10. Bradford M.M. (1976). Um método rápido e sensível para quantificação de quantidades de microgramas de proteína usando o princípio de ligação de corante de proteína. Anal Biochem. 72:248-259.

11. Dugger, W.M & Ting, J.P. (1970). Air pollution oxidants- Their effect on metabolic process in plant. A. Rev. PI. Physiol,21,215-34.

12. Feder W.A. e Campbell F.J. (1968) Phytopathology, 58:103-109.

13. Gorver. H.L., Nair. V.R. e Abrol Y.P. (1978). Nitrogen metabolism of upper three leaf blades of wheat at different soil nutrition level, N.R. Activity and content of various nitrogenous constituent Plant Physiol 42:297-299.

14. Guderian R., Tingey . D.T. e Rube. R. (1985), Air pollution by photochemical oxidants and effects on plant springer verlag, berlin, pp.120-130.

15. Hiscox. J. D. e Israelstam G.F. (1979). A method for extraction of chlorophyll from leaf tissue without maceration (Um método para extração de clorofila do tecido foliar sem maceração). Can.J. Bot. 57:1332-1334.

16. Iqbal. M., Siddiqui. T.O. e Srivastava P.s. (2000). Envtal Hazards -Plant and People (Riscos Ambientais - Plantas e Pessoas). Editora CBS da Índia.

17. Israel. D.W. e Rufty T.W., Jr. (1989) Gop Sci, 28:954.

18. Jacobson J.J. e Hill a.C. (1970). Reconhecimento de danos à vegetação causados pela poluição do ar. A. Pictorial altas: Pittsburg. Joshi. U.N. (1993). Alterações induzidas por SO2 na fixação de CO2 Ann. Biol 9:102-108.

19. Kimball, B.A. (1986) CO2 stimulation of growth and yield under environmental constraints. Em: Enoch, H.Z. & Kimball, B.A. (eds).CO2 Enrichment of Green House Crops Vol. II Physiology, Yield and Econmics: CRC Press, Boca Raton, FI.53-67.

20. Klepper L., Flesher. D. e Hageman. R.H. (1975). Generation of reducef nicotinamide for nitrate reduction in green leaves (Geração de nicotinamida redutora para redução de nitrato em folhas verdes). Plant physiol 48:580-90.

21. Kozlowski. T.T. (1980). Impact of air pollution on forest eco-system (Impacto da poluição do ar no ecossistema florestal). Bio. Sci 30:88-93.

22. Malhotra, S.S. & Hocking, D. (1976). Biochemical and cytological effect of sulfur dioxide on plant metabolism (Efeito bioquímico e citológico do dióxido de enxofre no metabolismo das plantas), New Phtol. 76:227-237.

23. Malhotra S.S e Blavel R.a. (1990). Diagnosis of air polluted and natural stress on forest vegetation in Western Canada (Diagnóstico de poluição do ar e estresse natural na vegetação florestal no oeste do Canadá). Relatório Nor-x-228.

24. Mansfield, T.A. and Freer-Smith, P.H. 1984. the role of stomata in resistance mechanism. Em: Gaeseous Air Pollutants and Plant metabolism; M.J. Koziol e F.r.Whately (eds.). Butterworth, Londres, Reino Unido. pp. 131-146.

25. Mansfield, T.A. e Lucas, P.W. (1990). Effect of gaseous pollutants on crops and trees (Efeito de poluentes gasosos em plantações e árvores). In: Pollution: Causes, Effect and Control.2nd edition, R.M. Harrison Royal Society of Chemistry , Cambridge, UK.

26. Mehlhorn, H., Gunther, S., Schmidt, A. e Kunert, K.J. (1986). Effect of SO2 and O3 on

production of antioxidants in conifers (Efeito do SO2 e do O3 na produção de antioxidantes em coníferas). Plant Physiol. 82:336-338.

27. Melhorn, H., Tabner, B. e Welburn, A.r.(1990). Evidência de razão de spin de elétrons para a formação de radicais livres em plantas expostas ao ozônio. Phsiol. Plant. 79:377-383.

28. Meng, F.R., Bourque, C.P.A. Belczewski, R.F. Whitney, N.J. e Arp, P.A.(1995). Foliage responses of spruce trees to long-term low-grade sulphur dioxide deposition (Respostas da folhagem das árvores de abeto à deposição de longo prazo de dióxido de enxofre de baixa qualidade). Environ. Pollut. 90:143-152.

29. Marshner. H.(1986). Mineral Nutrition of Higher Plant (ed.1999), Academic Press London.

30. Marshner. H., Romheld.V. e Cakmak.I. (1987). J. PI. Nutr., 10:1175.

31. Mengel e Kirby. E.A. (1982). Principles of Plant nutrition, 3rd edition, Academic Press, London.

32. Pandey, D.D, Sinha, C.S. e Tiwari, M.G. (1991). Impact of coal dust pollution on biomass chlorophyll and gram characteristics of rice (Impacto da poluição por poeira de carvão na biomassa, clorofila e características da grama do arroz). Bio. J.3.51-55.

33. Patterson.G.D. Jr. (1958) Sulphur in chloromertic determination of non-metals D.E. Blotz (ed). Inter Science publication Inc. New York.

34. Rao, D.N. e LeBlance, F. (1996). Effect of SO2 pollution on the lichen algae with special reference to chlorophyll. Bryologist 69:69-75.

35. Rowland, A.J. Drew, M.C & Welsurn, A.R. (1987). Foliar entry and incorporation of atmosphere nitrogen dioxide into barley plants of different nitrogen status. New phytol.107:357-371.

36. Sharma, G.K. e Tyree. J. 1973. Variações morfológicas brutas e cuticulares geográficas da folha em Liquidambar slyraciflua L. e sua possível relação com a poluição ambiental. Bot. Gaz. 134:179-184.

37. Sij. J.W. e Swanson, C.A. (1974). Short term kinetic studies on the inhabition of photosynthesis by sulphur dioxide (Estudos cinéticos de curto prazo sobre a habituação da fotossíntese pelo dióxido de enxofre).

38. Singh, N., Singh, S.N., Srivastava, K., Yunus, M., ahmad, K.J., Sharma, S.c. e Sharga, A.N. (1990). Relative sensitivity and tolerance of some Gladiolus cultivars to sulphur dioxide (Sensibilidade relativa e tolerância de alguns cultivares de Gladiolus ao dióxido de enxofre). Ann. Bot. 65:41-44.

39. Soikkeli, S. (1981). Os tipos de lesões ultraestruturais em agulhas de coníferas do ambiente

industrial do norte. Silva Fenn. 15:339-404.

40. Srivastava, S. e Singh, M.P. (1996). Effect of graphite factory emissions on the nitrogen and protein content of some trees (Efeito das emissões da fábrica de grafite no conteúdo de nitrogênio e proteína de algumas árvores). In: Biodiversity and Environment; Agarwal, S.K. Tiwari, S. and Dubey, P.S., Ashish Publishing Houses, New Delhi.

41. Tanaka, K., Kondo, N e Sugahara, K. (1982). Accumulation of hydrogen peroxide in chloroplast of SO2 fumigated spinach leaves (Acúmulo de peróxido de hidrogênio no cloroplasto de folhas de espinafre fumigadas com SO2). Plant Cell Physiol.23:999-1007.

42. Wallburn A.R. (1990) New Phytologist 115, 395-429 in plant response to Enut. Por Peter Gresshoff, CRC, Londres.

43. Williams, A.J., Gupta B.N. Banerjee, S.K. (1996). Effect of thermal power plant estimates on vegetation (Efeito de estimativas de usinas térmicas sobre a vegetação). Indian J. For.19:330-334.

44. Wong, S.c. (1979). Elevated atmospheric partial, pressure of CO2 and plant growth (Pressão atmosférica parcial elevada de CO2 e crescimento de plantas). Oecologia. 44:68-74.

45. Yunus, M. e Iqbal, M. 1996. Plant Responses to air pollution; M. Yunus e M. Iqbal (eds). John Willey and Sons, Chichester, Reino Unido.

46. Ziegler, I. (1973). Effect of sulphite on phosphor-enolpyruvate carboxylase and malate formation in extracts of Zea mays (Efeito do sulfito na formação de fosfo-enolpiruvato carboxilase e malato em extratos de Zea mays). Phytochemistry. 12:1027.

MIX
Papier aus verantwortungsvollen Quellen
Paper from responsible sources
FSC® C105338

Printed by Books on Demand GmbH, Norderstedt / Germany